ICS 27.140

P 98

备案号：44783-2014

中华人民共和国电力行业标准

DL／T 827 — 2014

代替 DL／T 827 — 2002

灯泡贯流式水轮发电机组启动试验规程

Start-up test code for bulb Hydro-generating units

2014-03-18发布

2014-08-01实施

国家能源局　　发　布

目 次

前　　言

本标准是根据《国家能源局关于下达 2011 年第二批能源领域行业标准制（修）订计划的通知》（国能科技〔2011〕252 号）中电联归口管理部分的安排修订的。

本标准在编写格式和规则上符合 GB/T 1.1—2009《标准化工作导则　第 1 部分：标准的结构和编写》的规定。

本标准是对原电力行业标准 DL/T 827—2002《灯泡贯流式水轮发电机组启动试验规程》（以下简称原标准）的修订。本标准与原标准相比，除编辑性修改外，主要修改如下：

——将原标准适用范围从单机容量 2MW 以上和转轮直径 2.5m 以上改为单机容量 5MW 以上和转轮直径 2.5m 以上；

——规范性引用文件的引导语与 GB/T 1.1—2009 的规定一致；

——增加对试运行组织、指挥机构及对河床式大坝工程上游水库蓄水前的验收要求；

——根据有关水电站运行经验、教训，在各有关章条中增加了对灯泡贯流式机组发电机空气间隙监测的内容；

——对水导轴承、组合轴承等部位的运行摆度限值（双振幅）做了修改，与 DL/T 507《水轮发电机组启动试验规程》相一致；

——明确了高阻接地方式（接地变压器）的机组单相接地试验和主变压器及高压配电装置单相接地试验的具体内容，与 DL/T 507 相一致；

——增加了电站高压配电装置受电试验和电站发电机带空载线路零起升压试验（若系统有要求时）的提示性要求；

——增加了对调速器系统、励磁系统运行参数实测与建模，一次调频，电站 AGC、AVC、PSS 试验项目的要求；

——删去了机组 72h 试运行后再进行 30 天考核试运行的规定。

本标准由中国电力企业联合会提出。

本标准由电力行业水轮发电机及电气设备标准化技术委员会归口。

本标准起草单位：中国水利水电建设集团公司、中国水利水电第七工程局有限公司。

本标准主要起草人：付元初、赵显忠、李红春、曾洪富、梅华贵、肖国明、韩强。

本标准所代替标准的历次版本发布情况为：DL/T 827—2002。

本标准在执行过程中的意见或建议反馈至中国电力企业联合会标准化管理中心（北京市白广路二条一号，100761）。

灯泡贯流式水轮发电机组启动试验规程

1 范围

本标准规定了单机5MW以上和转轮直径2.5m以上的灯泡贯流式机组的启动试运行试验程序和要求。

本标准适用于水电站贯流式水轮发电机组及相关设备的启动试运行试验和交接验收。

其他贯流式机组的启动试运行试验可以参照本标准。

2 规范性引用文件

下列文件对于本文件的应用是必不可少的。凡是注日期的引用文件，仅注日期的版本适用于本文件。凡是不注日期的引用文件，其最新版本（包括所有的修改单）适用于本文件。

GB/T 8564　水轮发电机组安装技术规范

GB 50150　电气设备安装工程　电气设备交接试验标准

DL/T 507　水轮发电机组启动试验规程

DL/T 5038　灯泡贯流式水轮发电机组安装工艺规程

SDJ 278　水利水电工程设计防火规范

3 总则

3.1 灯泡贯流式机组及相关设备的安装应按GB/T 8564和DL/T 5038规定的要求进行，且施工记录完整。机组安装完成、验收合格后进行启动试运行试验，试验合格并交接验收后方可正式投入系统并网运行。

3.2 机组启动试运行前，应按照本标准的要求编制启动试运行大纲，经启动验收委员会批准后进行启动试运行。

3.3 除本标准规定的启动试运行项目以外，允许根据水电站条件和设备制造特点适当增加试验项目。

3.4 启动试运行过程中，可根据本标准规定，并结合机组设备的具体结构特点，对启动试运行试验项目做细化或顺序调整，报机组启动验收委员会审批后实施。

3.5 机组的辅助设备、继电保护、自动控制、监控、测量系统以及与机组启动试运行有关的各机械设备、电气回路和电气设备、通风空调系统设备等，均应根据相应的专业标准进行试验并合格。

3.6 对机组启动试运行试验过程中出现的问题和存在的缺陷，应及时加以处理和消除，使机组交接后可长期、安全、稳定运行。

3.7 组织、指挥机组启动试运行的机构已建立，各部应配备人员已到位，相关文件和资料齐全。

3.8 河床式大坝工程已经过上游水库蓄水前的验收。

3.9 机组启动试运行试验过程中应充分考虑上、下游水位变动对库岸边坡稳定、库区河道航运及周围环境的影响，保证试运行试验工作的正常进行。

4 启动试运行前的检查

4.1 流道检查

4.1.1 进水口拦污栅已安装调试完成、清理干净并检验合格，拦污栅测压头与测量仪表已检验合格。

4.1.2 进水口闸门门槽已清理干净并检验合格。进水口闸门安装完工，无水启闭试验完成，验收合格并处于关闭状态，坝顶门机已安装合格并具备闸门启闭工作条件。

4.1.3 进水流道、导流板、转轮室、尾水管等过水通流系统均已安装完工、清理干净并检验合格。混凝土浇注孔、灌浆孔等已封堵。测压头已装好，测压管阀门、测量表计均已检验合格。发电机盖板与框架已把合严密，所有进人孔均已封盖严密。

4.1.4 机组进水流道及尾水排水阀启闭情况良好并处于关闭位置，机组检修排水廊道进人门处于关闭状态。

4.1.5 尾水闸门门槽及其周围已清理干净，尾水闸门及其启闭装置已检验合格。在无水情况下手动操作已调试合格，启闭情况良好。尾水闸门处于关闭状态。

4.1.6 电站上下游水位量测系统已调试合格，水位信号远传正确。

4.2 水轮机检查

4.2.1 水轮机转轮已安装完工并检验合格。转轮叶片与转轮室之间的间隙已检查合格，且无遗留杂物。

4.2.2 导水机构已安装完工、检验合格、并处于关闭状态，接力器锁定投入。导叶最大开度和导叶立面、端面间隙及接力器压紧行程已检验合格，并符合设计要求。

4.2.3 主轴及其保护罩、水导轴承系统已安装完工、检验合格，轴线调整符合设计要求。

4.2.4 主轴工作密封与检修密封已安装完工、检验合格、密封自流排水管路畅通。检修密封经漏气试验合格，充水前检修密封的空气围带处于充气状态。

4.2.5 各过流部件之间（包括转轮室与导水外环、导水外环与外壳体、内锥体与导水内环、导水内环与内壳体等）的密封均已检验合格，无渗漏情况。所有分瓣部件的各分瓣法兰均已把合严密，符合规定要求。

4.2.6 伸缩节间隙均匀，密封有足够的紧量。

4.2.7 各重要部件连接处的螺栓、螺母已紧固，预紧力符合设计要求，各连接件的定位销已按规定全部锁定牢固。

4.2.8 受油器已安装完毕，操作油管经盘车检查，其摆度合格，受油器及其油管路、桨叶反馈装置等的绝缘检查符合要求。

4.2.9 各测压表计、示流计、流量计、电阻温度计等各种信号器、变送器均已安装完工，管路、线路连接良好，并已清理干净。

4.2.10 水轮机其他部件也已安装完工检验合格。

4.3 调速系统检查

4.3.1 调速系统及其设备已安装完工、调试合格。油压装置压力、油位正常，透平油化验合格。各表计、自动化元件均已整定符合要求。安装、静态调试记录齐全。

4.3.2 压力油罐安全阀已整定符合设计要求，动作可靠。油压装置油泵在工作压力下运行正常，无异常振动和发热，主备用泵切换及手动、自动工作正常。集油箱油位信号器动作正常。压油罐补气装置手动、自动动作正确。漏油装置手动、自动调试合格。

4.3.3 手动操作将油压装置的压力油通向调速系统管路，检查各油压管路、阀门、接头及部件等均应无渗油现象。

4.3.4 调速器机械、电气装置安装调试合格，调速器的电气　机械/液压转换器工作正常，各反馈信号准确。

4.3.5 进行调速系统联动调试的手动操作，并检查调速器、接力器及导水机构联动动作的灵活可靠性和全行程内动作平稳性。检查导叶开度、接力器行程和调速器柜的导叶开度指示器三者的一致性。导叶开度与接力器行程的关系曲线，应符合设计要求。

4.3.6 重锤关机等过速保护装置和分段关闭装置等均已调试合格，分别用调速器紧急关闭和重锤关机办法初步检查导叶全开到全关所需时间。

4.3.7 锁定装置调试合格，信号指示正确，充水前应处于锁定状态。

4.3.8 检查桨叶转角指示器的开度和实际开度的一致性。模拟各种水头下导叶和桨叶协联关系曲线，应符合制造厂的要求，调速器应引入机组实际运行水头信号。

4.3.9 对调速器自动操作系统进行模拟操作试验，检查自动开机、停机和事故停机各部件动作准确性和可靠性。

4.3.10 机组测速装置已安装完工并调试合格，动作触点已按要求初步整定。

4.4 发电机检查

4.4.1 发电机整体已全部安装完工并检验合格。发电机内部已进行彻底清扫，定子、转子及气隙内无任何杂物。发电机安装、交接试验记录齐全。

4.4.2 正反向推力轴承及导轴承已安装调试完工，检验合格。

4.4.3 定子机座与管形座内锥、定子机座与前锥体等过流部件之间和分瓣部件法兰面密封均已检验合格，符合设计要求。

4.4.4 空气冷却器已检验合格，管路畅通，示流信号正确，阀门无渗漏现象。冷却风机、除湿机、电加热器已调试，运行及控制符合设计要求。

4.4.5 发电机内灭火管路、火灾探测器、灭火喷嘴安装完工并检验合格，通压缩空气试验合格。

4.4.6 发电机制动器与制动环之间的间隙合格。机械制动系统的手动、自动操作已检验调试合格，动作正常，制动器处于制动状态，粉尘收集装置工作正常。

4.4.7 发电机转子集电环、电刷、电刷架、粉尘吸收装置已检验并调试合格。

4.4.8 发电机灯泡体内所有阀门、管路、接头、电磁阀、变送器等均已检验合格，液位和示流信号正确。

4.4.9 发电机水平支撑和垂直支撑已安装检验合格。

4.4.10 测量发电机空气间隙的监测装置及监控工作状态的各种表计、元件、装置等均安装完工，调试整定合格，各表计、元件、传感器等处于正常工作状态。

4.4.11 爬梯和常规及事故照明系统已安装完工，检验合格。灯泡体内已清扫干净，设备的补漆工作已完成并检查合格。

4.5 励磁系统检查

4.5.1 励磁变压器、各励磁盘柜、功率柜通风设备、励磁母线及电缆已安装完成，主回路连接可靠，绝缘良好，相应的高压试验合格。

4.5.2 励磁操作、保护及信号回路接线正确，动作可靠，表计校验合格。

4.5.3 灭磁开关主触头接触良好，操作灵活、可靠，常开常闭主触头的切换搭接时间符合要求。

4.5.4 励磁系统静态试验已完毕，开环特性符合设计要求，通道切换可靠，手动/自动切换、现地和远方操作切换正确、可靠。

4.5.5 各报警及事故信号正确；与机组保护联动试验动作正确，与机组现地控制单元联动试验动作正确，机组现地控制单元能正确反映机组励磁系统状况。

4.6 油、气、水系统检查

4.6.1 透平油、绝缘油系统已投运，能满足启动试验机组供油、用油和排油的需要。油质经化验合格。

4.6.2 轴承高位油箱、轮毂高位油箱、轴承回油箱、漏油箱上各液位信号器已调整，油位符合设计规定，触点整定值符合设计要求。各油泵电动机已做带电动作试验，油泵运转正常，油泵出口压力整定值符合设计要求，主、备用切换及手动、自动控制工作正常。电加热器检验合格。

4.6.3 正反推力轴承及各导轴承润滑油温度、压力、油量检测装置已调试合格，整定值符合设计要求。

4.6.4 导轴承的高压油顶起装置已调试合格，压力继电器工作正常，各单向阀及管路阀门均无渗油现象。高压油顶起系统手动、自动控制正常，且压力信号器已调整完毕，符合设计要求。

4.6.5 本机组所需要气系统空气压缩机均已调试合格，储气罐及管路无漏气，管路畅通。各压力表计、温度计、减压阀工作正常，安全阀已整定符合设计要求。气系统处于自动工作状态。

4.6.6 所有高、低压空气管路已分别分段通入压缩气体进行漏气检查合格。

4.6.7 机组冷却、主轴密封等技术供水系统管路、过滤器、阀门、表计、接头等均已安装完工、检验合格。

4.6.8 主轴密封水质已检查并满足设计要求，水压、水量已调整至设计允许的范围内。

4.6.9 对于采用二次冷却的机组，各循环水泵、压力及流量检测元件已安装调试合格，水量、水压满足设计要求。均衡水箱水质符合设计要求，液位计调试合格，水位正常。各水泵运转正常并处于设定工作状态。

4.6.10 厂内渗漏排水、检修排水系统及灯泡体内排水系统安装调试合格。各排水泵、排水阀手动、自动工作正常。水位传感器输出信号和整定值符合设计要求。

4.6.11 各管路、附属设备已按规定涂漆，标明流向，各阀门已标明开关方向，挂牌编号。

4.7 电气一次设备检查

4.7.1 试运行段的一次设备安装完成，并清扫干净。一次设备按 GB 50150 规定的交接试验标准完成交接试验，安装、试验记录齐全，各设备标识编号齐全，防误闭锁已经投入。

4.7.2 发电机主引出线、机端引出线出口处及灯泡体内的电压、电流互感器等设备已安装完工并检验合格。中性点引出线及电流互感器、中性点消弧线圈或者接地变压器均已安装完毕并调试合格。

4.7.3 发电机断路器、隔离开关、电制动开关等已安装完工并检验合格。

4.7.4 发电机电压母线及其设备已全部安装完工，检验并试验合格，具备带电试验条件。

4.7.5 主变压器已安装完工并调试合格，分解开关置于系统要求的给定位置，绝缘油化验合格，冷却系统调试合格，事故排油系统、灭火消防系统及周围安全保护措施符合设计要求，具备带电试验条件。

4.7.6 相关厂用电设备已安装完工并检验合格，已投入正常工作并至少有两路独立的电源供电。备用电源自动投入装置检验合格，工作正常。柴油发电机组保安应急电源安装调试并带负荷运行正常。

4.7.7 与本机组发电有关的高压配电设备、回路设备及母线、连接线等均已安装，检验合格。高压断路器已调试合格。

4.7.8 全厂接地装置和机电设备接地已检验，接地连接良好，接地线色标及接地端子符合规范要求。总接地网接地电阻和升压站的接触电位差、跨步电位差已测试，符合规范和设计要求。

4.7.9 厂房相关照明已安装，主要公共场所、交通道和楼梯间照明已检查合格。事故照明已检查合格。油库、蓄电池室等防爆灯已检查合格。事故交通安全疏散指示牌已检查合格。

4.8 电气二次系统及回路检查

4.8.1 机组电气控制和保护设备及盘柜已安装完工并检查合格。机组现地控制单元均已安装完工，调试合格。安装、调试记录齐全。

4.8.2 中央控制室的返回屏、控制台、计算机监控系统及其电源等全厂集中控制设备均已安装完工并检验合格。

4.8.3 直流电源系统设备已安装完工并检验合格，并投入正常工作。逆变装置及其回路已检验合格。

4.8.4 下列电气回路已检查并做模拟试验，已验证其动作的准确性。

 a）尾水闸门的手动、自动操作回路；

 b）机组水力机械自动操作回路（含重锤关机、高压油顶起等回路）；

 c）机组调速器自动操作回路；

 d）发电机励磁操作回路；

 e）发电机断路器、电制动开关操作回路；

 f）直流及中央信号回路；

 g）全厂公用设备操作回路；

 h）机组同期操作回路；

 i）备用电源自动投入回路；

 j）开关站高压断路器及其隔离开关的自动操作回路；

 k）厂用电设备操作回路。

4.8.5 电气二次的电流回路和电压回路完成通电检查后，下列继电保护和自动化回路已进行模拟试验，保护带断路器进行传动试验，验证动作的正确性与准确性。

    a) 发电机、励磁变压器继电保护回路；

    b) 主变压器继电保护回路；

    c) 发电机—变压器组故障录波回路；

    d) 升压站母线保护、断路器及故障录波回路；

    e) 相关厂用电电源系统继电保护和备用电源自动投入回路；

    f) 全厂公用设备、机组辅助设备交/直流电源主备用投/切、故障切换等各类工况转换控制回路；

    g) 仪表测量回路。

4.8.6 与该机组启动试验相关的通信设施已安装调试完毕，各通信方式能满足水电站生产调度的需要。厂内各部位通信、联络信号检查合格，准确可靠，回路畅通。

4.9 消防系统检查

4.9.1 与机组启动试验相关的主、副厂房各部位的消防系统管路或消防设施已安装完工并检验合格，安装、调试记录齐全，符合消防设计要求，并通过消防部门阶段验收。

4.9.2 全厂消防供水水源可靠，管道畅通，水量、水压满足设计要求。

4.9.3 主变压器水喷雾系统已安装调试合格，根据现场实际情况进行喷射试验，结果符合 SDJ 278 或设计要求。

4.9.4 全厂火灾报警与联动控制系统已安装完工并调试合格，且通过消防部门阶段验收。

4.9.5 电缆防火堵料、涂料、防火隔板等安装完工，电缆穿越楼板、墙壁、竖井、盘柜的孔洞及电缆管口已可靠封堵。

4.9.6 按相关要求临时性灭火器具配置已完成。

5 充水试验

5.1 充水条件

5.1.1 确认坝前水位已蓄至不低于发电水位。

5.1.2 确认进水口闸门、尾水闸门处于关闭状态。确认机组各进人门已关闭牢靠，各台机组检修排水阀门已处于关闭状态，检修排水廊道进人门处于关闭状态。确认调速器、导水机构处于关闭状态，接力器锁定已投入。确认空气围带、制动器处于投入状态。

5.1.3 确认全厂检修、渗漏排水系统运行正常。

5.2 尾水流道充水

5.2.1 利用尾水倒灌向尾水流道充水，在充水过程中随时检查水轮机导水机构、转轮室、各进人门、伸缩节、主轴密封及空气围带、测压系统管路的漏水情况，记录测压表计的读数。

5.2.2 充水过程中必须密切监视各部位的渗漏水情况，确保厂房及机组的安全，一旦发现漏水等异常现象，应根据漏水部位及大小情况确定是否停止充水并进行处理。充水过程中应检查排气情况。

5.2.3 待充水至与尾水位平压后，将尾水闸门提起。

5.2.4 以手动或自动方式做尾水闸门在静水中的启闭试验，调整、记录闸门启闭时间及表计读数。如有远方操作的，做远方启闭操作试验，闸门应启闭可靠，位置指示正确。

5.2.5 对于设有事故紧急关闭尾水闸门的操作回路，则应在闸门控制室的操作柜、机旁盘和水电站中央控制室分别进行静水中的紧急关闭尾水闸门的试验，检查启闭机制动的工作情况，并测定关闭时间。

5.3 进水流道充水

5.3.1 采用进口闸门或充水阀等方式缓慢向进水流道充水，监视进水流道压力表读数，检查灯泡体、管形座、框架盖板、导水机构及各排水阀等各部位在充水过程中的工作状态。

5.3.2 观察各测压表计及仪表管接头漏水情况，并监视水力量测系统各压力表计的读数。

5.3.3 充水过程中检查流道排气是否畅通。

5.3.4 待充水至与上游水位平压后,将进水闸门提起。

5.3.5 检查厂房内渗漏水情况及渗漏水排水泵排水能力和运转可靠性。

5.3.6 将机组技术供水管路系统的阀门打开,启动供水泵,检查减压阀、滤水器、系统各部位管路、阀门及接头的工作情况。检查并调整各部位流量、压力符合设计要求。

6 空载试验

6.1 启动前的准备

6.1.1 主机周围各层场地已清扫干净,施工人员撤离工作现场,试运行区域与施工区域已采取有效安全隔离措施,吊物孔盖板已盖好,通道畅通,照明充足,指挥通信系统布置就绪,各部位运行人员已到位,各测量仪器、仪表已就位并调整好。

6.1.2 确认充水试验中出现的问题已处理合格。

6.1.3 机组润滑油、冷却水、润滑水系统均已投入,各油泵、水泵按自动控制方式运行正常,高位油箱油位处于上限,压力、流量符合设计要求。油压装置和漏油装置油泵处于自动控制位置并运行正常。

6.1.4 高压油顶起系统、机组制动系统处于手动控制状态。

6.1.5 检修排水系统、渗漏排水系统和中、低压压缩空气系统按自动控制方式运行正常。

6.1.6 上下游水位、各部位原始温度等已做记录。

6.1.7 水轮机主轴密封水投入,检修密封排除气压、制动器复归(确认制动器已全部复位),蠕动检测装置已退出,转动部件锁定已拔出。

6.1.8 启动高压油顶起装置油泵,检查确认机组大轴能正常顶起。

6.1.9 调速器处于准备工作状态,并符合下列要求:

　　a) 油压装置至调速器的主阀已开启,调速器柜压力油已接通,油压指示正常;

　　b) 调速器的滤油器位于工作位置;

　　c) 调速器处于"手动"位置,桨叶处于"自动协联"位置;

　　d) 导叶开度限制机构处于全关位置,永态转差系数 b_p 暂调整到 2%～4%;

　　e) 油压装置处于自动运行状态。

6.1.10 与机组有关的设备应符合下列要求:

　　a) 发电机出口断路器、发电机励磁系统灭磁开关在断开位置;

　　b) 转子集电环电刷已磨好并安装完毕,电刷拔出(有必要时);

　　c) 水力机械保护、测温装置、机组振动、摆度监测装置、气隙监测装置等投入工作状态;

　　d) 现地控制单元(local control unit,LCU)已处于监视状态,具备检测、报警的功能,可对机组各部位主要的运行参数进行监视;

　　e) 拆除所有试验用的短接线及接地线;

　　f) 外接频率表接于发电机出口电压互感器一次侧监视发电机转速;

　　g) 大轴接地电刷已投入。

6.2 首次启动试验

6.2.1 拔出接力器或控制环锁定,撤出转子锁定,启动高压油顶起装置。

6.2.2 手动打开调速器的导叶开度限制机构,待机组开始转动后将导叶关回,由各部观察人员检查和确认机组转动与静止部件之间有无摩擦、碰撞及其他异常情况。记录机组启动开度。

6.2.3 确认各部位正常后再次打开导叶启动机组。当机组转速升至接近 50%额定转速时可暂停升速,观察各部位无异常后继续升速。

6.2.4 当机组转速升至额定转速的 80%或设计规定值后,可手动切除高压油顶起装置,并校验电气转速继电器相应的触点。当机组转速达到额定值时校验机组各转速表指示应正确。记录当时水头机组额定转速下的导叶开度及桨叶转角。

6.2.5　在机组升速过程中派专人严密监视推力瓦和各导轴瓦的温度，不应有急剧升高或下降现象。机组达到额定转速后，在半小时内，每隔 5min 测量记录一次推力瓦及导轴瓦温度，以后可每隔 30min 测量记录一次，并绘制推力瓦和各导轴瓦的温升曲线。机组空转 4h 以使瓦温稳定，记录稳定的轴瓦温度，此值不应超过设计值。记录各轴承的油流量、油压和油温。

6.2.6　机组启动过程中，应密切监视各部位运转情况，如发现金属摩擦或碰撞、推力瓦和导轴瓦温度突然升高、机组摆度过大等不正常现象应立即停机。

6.2.7　监视水轮机主轴密封及各部位水温、水压，监视水封漏水情况。

6.2.8　记录全部水力量测系统表计读数和机组监测装置的表计读数（如发电机气隙、水轮机流量差压监测、上下游水位监测等）。

6.2.9　测量并记录机组水导轴承、组合轴承等部位的运行摆度（双振幅），不应超过导轴承总间隙的 0.7 倍或符合机组合同的规定。

6.2.10　测量并记录机组各部位振动，其值应符合表 1 的规定。否则，应按有关规定进行动平衡试验。

表 1　灯泡贯流式机组各部位振动允许值

序号	项　目	额定转速 r/min	
		＜100	≥100
		振动允许值 mm	
1	推力轴承支架的轴向振动	0.10	0.08
2	各导轴承支架的径向振动	0.12	0.10
3	灯泡头径向振动	0.12	0.10

6.2.11　测量发电机一次残压及相序，相序应正确。观察其波形完好。

6.3　空转运行下调速器系统的调整试验

6.3.1　检查调速器测频信号，其波形应正确，幅值应符合要求。

6.3.2　电液转换器或电液伺服阀活塞的振动应正常。采用伺服电动机或步进电动机的，应调整好电动机工作范围，使其工作正常。

6.3.3　频率给定的调整范围应符合设计要求。

6.3.4　进行手动和自动切换试验时，接力器应无明显摆动。

6.3.5　按下列要求做调速器扰动试验，找出空载运行的最佳参数并记录，在自动调节状态下，机组转速相对摆动值不超过±0.25%：
  a)　扰动量一般为±8%；
  b)　转速最大超调量不应超过扰动量的 30%；
  c)　超调次数不超过 2 次；
  d)　调节时间应符合规范或设计要求。

6.3.6　记录油压装置油泵向压力油罐送油的时间及工作周期。在调速器自动运行时记录导叶接力器摆动值及摆动周期。

6.3.7　可进行油泵备投电源切换试验，切换应灵活可靠。

6.4　停机过程及停机后检查

6.4.1　手动启动高压油顶起装置，操作开度限制机构进行手动停机，当机组转速降至设计规定投制动器值时手动投入制动器，机组停机后手动切除高压油顶起装置。制动器在停机状态下处于投入状态。

6.4.2　停机过程中应检查下列各项：

a) 监视各轴承温度的变化情况；

b) 检查转速继电器的动作情况；

c) 录制转速和时间关系曲线。

6.4.3 停机后投入接力器或控制环锁定，检修密封，关闭主轴密封密封水。

6.4.4 停机后的检查和调整：

a) 各部位螺栓、螺母、销钉、锁片及键是否松动或脱落；

b) 检查转动部分的焊缝是否有开裂现象；

c) 检查发电机挡风板、挡风圈是否有松动或断裂；

d) 检查制动器的摩擦情况及动作的灵活性。

6.4.5 在相应水头下，调整开度限制机构及相应的空载开度触点。

6.5 机组过速试验

6.5.1 过速试验前机组摆度和振动值应满足设计要求。

6.5.2 除末级过速保护外，将测速装置各级过速保护触点从水机保护回路中断开，用临时方法监视其动作情况。

6.5.3 投入导叶和桨叶的自动协联装置。

6.5.4 以手动方式开机使机组达到额定转速。待机组运转正常以后，将导叶开度限制机构的开度继续加大，使机组转速上升到电气转速信号装置各级保护动作整定值，调整各相应转速触点使其动作正确，然后继续将转速升至设计规定的机械过速保护整定点，校验其动作值。

6.5.5 试验过程中记录机组各部位的摆度、振动值。若机组转速达到过速整定值后，机械液压过速装置未动作，则应立即手动操作停机。

6.5.6 试验过程应监视并记录各部位推力瓦和导轴瓦温度；监视转轮室的振动情况；测量并监视发电机空气间隙的变化，监听机组是否有异常响声。

6.5.7 过速试验停机后应进行如下检查：

a) 全面检查发电机转动部分，如转子磁轭键、磁极键、阻尼环及磁极引线、磁轭压紧螺杆等；

b) 6.4.4 规定的检查项目。

检查完成后投入过速保护装置。

6.6 无励磁自动开机和自动停机试验

6.6.1 对于具有常规控制、计算机监控等多种控制方式的机组，每种控制方式都应进行此项试验。

6.6.2 自动开机前应确认：

a) 调速器处于"自动"位置，功率给定置于"空载"位置，频率给定置于额定频率，调速器参数在空载最佳位置；

b) 确认高压油顶起装置在自动状态，确认润滑油系统等机组各辅助设备均处于自动状态；

c) 确认所有水力机械保护回路均已投入，且自动开机条件已具备。

6.6.3 自动开机，检查或记录下列各项：

a) 检查自动开机程序及各自动化元件动作是否正确，检查技术供水等辅助设备的投入情况；

b) 检查高压油顶起装置的动作和油压等工作情况；

c) 检查调速器动作情况；

d) 记录自发出开机脉冲至机组开始转动所需的时间；

e) 记录自发出开机脉冲至机组达到额定转速的时间；

f) 检查测速装置的转速触点动作是否正确。

6.6.4 自动停机，检查或记录下列各项：

a) 检查自动停机程序及各自动化元件动作是否正确。

b) 记录自发出停机脉冲至机组转速降至制动转速所需时间。

c) 记录自制动闸加闸至机组全停的时间。

d) 当机组转速降至设计规定转速时，高压油顶起装置应能自动投入。当机组停机后应能自动停止高压油顶起装置，制动闸保持投入状态。

6.6.5 自动开机，模拟机组各种机械及电气事故，检查事故停机回路及流程的正确性和可靠性。检查各部位事故紧急停机按钮动作的可靠性。

6.7 升流试验

6.7.1 发电机升流试验具备的条件：

a) 发电机出口侧设置可靠的三相短路线，如果三相短路点设置在发电机断路器外侧，则应采取措施防止断路器跳闸。

b) 由厂用电源提供主励磁电源（他励电源）。

c) 发电机保护出口压板在断开位置，保护仅作发信，投入机组水机保护装置。

d) 技术供水系统、润滑油系统已投入运行，检修密封退出，主轴密封水压、流量满足要求。发电机定子空气冷却器根据绝缘情况确定是否投入。

e) 恢复发电机集电环电刷并投用（如果拔出）。

f) 复查各接线端子应无松动，检查升流范围内所有电流互感器二次侧连片连接牢靠。

g) 测量发电机转子绝缘电阻，符合要求。

h) 测量发电机定子绝缘电阻和极化指数，确定是否进行干燥。如需干燥，则在发电机升流试验完成后进行短路干燥。

i) 发电机空气间隙装置投入。

6.7.2 手动开机至额定转速，机组各部分运转应正常。

6.7.3 将励磁调节器电流给定至最小，投入临时他励电源。检查他励电源电压正常，相序正确。

6.7.4 手动合灭磁开关，通过励磁装置手动升流，电流值可升至20%左右发电机定子电流值，检查发电机各电流回路的正确性和对称性。

6.7.5 检查继电保护电流回路的极性和相位，必要时绘制向量图。适度调整保护整定值，升流检查各继电保护动作整定值和测量表计显示的正确性。

6.7.6 录制发电机三相短路特性曲线。在额定定子电流下测量机组的振动和摆度，测量发电机空气间隙。检查电刷和集电环工作情况。

6.7.7 在发电机额定电流下，跳开灭磁开关，检验灭磁和消弧情况是否正常，录制发电机在额定电流时灭磁过程的示波图。

6.7.8 用2500V绝缘电阻表测量定子绕组对地绝缘电阻和极化指数，参见GB 8564的规定，否则应进行干燥处理。

6.7.9 升流试验合格后一般应做模拟水机事故停机，并拆除发电机短路点的短路线。

6.8 升压试验

6.8.1 发电机升压试验应具备的条件：

a) 发电机保护装置投入，励磁及调节器回路电源投入，辅助设备及信号回路在自动运行状态；

b) 发电机振动、摆度监测装置投入，发电机空气间隙监测装置投入，定子绕组局部放电装置监测系统投入并开始记录局部放电数据（若已安装此系统）；

c) 发电机出口断路器、隔离开关在断开位置，或与主变压器低压侧的连接端已断开；

d) 以厂用电为电源的主励磁装置具备升压条件；

e) 经测量发电机定子绝缘符合升压条件。

6.8.2 自动开机至额定转速后，待机组运行正常，测量升流后发电机出口电压互感器二次侧残压值、检查三相电压的对称性。

6.8.3 手动升压至25%定子额定电压值，并检查下列各项：

a） 发电机及其引出线、断路器、分支回路设备等带电设备是否正常；

b） 机组运行中各部分振动及摆度是否正常，发电机空气间隙变化情况；

c） 电压回路二次侧相序、相位和电压值是否正确。

6.8.4 继续升压至发电机额定电压值，并检查6.8.3规定的各项。

6.8.5 在发电机额定转速下的升压过程中，检查低压继电器和过压继电器工作情况，在额定电压下测量发电机轴电压，检查轴电流保护装置，测量并记录发电机空气间隙。

6.8.6 零起升压，每隔10%额定电压记录定子电压、转子电流和机组频率，录制发电机空载特性的上升曲线。

6.8.7 继续升压，当发电机励磁电流升至额定值时，测量发电机定子最高电压。对于有匝间绝缘的发电机，在最高电压下应持续5min。试验时定子电压以不超过1.3倍额定电压为限。

6.8.8 由额定电压开始降压，每隔10%额定电压记录定子电压、转子电流和机组频率，录制发电机空载特性的下降曲线。

6.8.9 分别在50%、100%额定电压下，跳开灭磁开关，检查灭磁及消弧情况，录制示波图。

6.8.10 发电机定子单相接地试验和消弧线圈补偿试验：

a） 在机端设置单相接地点，断开消弧线圈，升压至50%定子额定电压，测量定子绕组单相接地时的电容电流，观察保护装置工作情况；根据保护要求选择中性点消弧线圈的分接头位置。

b） 投入消弧线圈，升压至100%定子额定电压，测量补偿电流和残余电流，并检查保护信号。

6.8.11 采用高阻接地方式（接地变压器）的机组，应进行两次接地试验。

第一次选在发电机出口设置单相接地点，开机升压，递升接地电流，直至95%保护动作。检查动作正确后投入接地保护。

第二次对于注入式接地保护，试验时退出发电机接地保护跳闸出口，在发电机中性点接地变压器上端将中性点接地，发电机不加励磁利用残压额定空转运行，监视100%接地保护动作情况，并检查出口信号。试验完成后，取下接地变压器上端的地线，复归保护信号。

6.9 空载下励磁调节器的调整和试验

6.9.1 拆除励磁变压器临时电源电缆，恢复其永久接线，进行励磁调节器的自动起励试验。

6.9.2 检查励磁调节系统的电压调整范围，应符合设计要求。自动励磁调节器应能在发电机空载额定电压的70%～100%范围内进行稳定且平滑地调节。

6.9.3 在发电机额定转速下，起励检查手动控制单元调节范围，下限不得高于发电机空载励磁电压的20%，上限不得低于发电机额定励磁电压的110%。

6.9.4 测量励磁调节器的开环放大倍数值。录制和观察励磁调节器各部位特性。对于晶闸管励磁系统，还应在额定空载励磁电流情况下，检查功率整流桥的均流系数，其值不应低于0.85。

6.9.5 分别在发电机空载状态下，检查励磁调节器投入、上下限调节、手动和自动切换、通道切换、带励磁调节器开停机等情况下的稳定性和超调量。在发电机空载且转速为95%～100%额定值范围内，突然投入励磁系统，使发电机机端电压从零上升到额定值时，电压超调量不大于额定值的10%，超调次数不超过2次，调节时间不大于5s。

6.9.6 在发电机空载状态下，人工加入±10%阶跃量干扰，检查自动励磁调节器的调节情况，超调量、超调次数、调节时间应满足设计要求。

6.9.7 带自动励磁调节器的发电机电压–频率特性试验，应在发电机空载状态下，使发电机转速在额定转速的±10%范围内改变，测定发电机端电压变化值，录制发电机电压–频率特性曲线。频率每变化1%，自动励磁调节器系统应保证发电机电压的变化值不大于额定值的±0.25%。

6.9.8 晶闸管励磁调节器应进行低励磁、过励磁、电压互感器断线、过电压、均流等保护的调整及模拟动作试验，其动作应正确。

6.9.9 对于采用三相全控整流桥的静止励磁装置，应进行逆变灭磁试验并符合要求。

7 机组带主变压器以及高压配电装置试验

7.1 短路升流试验

7.1.1 短路升流试验的条件：

　　a) 主变压器高压侧及高压配电装置的适当位置，已设置可靠的三相短路点；中性点接地的主变压器，中性点应接地。

　　b) 投入发电机继电保护、自动装置和主变压器冷却器及控制信号回路。

7.1.2 升流范围一般应尽可能将新投入的回路全部包括，短路点的数量、升流次数按实际需要确定。

7.1.3 开机后递升增加电流，检查机组保护投入后各电流回路的通流情况和表计指示，检查主变压器、主变压器高压配电装置、线路保护及故障录波电流二次回路通流情况，必要时绘制向量图。

7.1.4 升流，检查相关电流互感器二次电流极性，检查正确后投入主变压器、高压引出线（或高压电缆）、母线的保护装置。

7.1.5 继续分别升流至50%、75%、100%发电机额定电流，观察主变压器与高压配电装置的工作情况。根据需要，在100%发电机额定电流下，可进行发电机热稳定试验。

7.1.6 升流试验结束后可模拟主变压器保护动作，检查跳闸回路是否正确，相关断路器是否可靠跳闸。

7.1.7 拆除主变压器高压侧及高压配电装置各短路点的短路线。

7.2 主变压器及高压配电装置单相接地试验

　　根据单相接地保护方式，在主变压器高侧设置单相接地点，适当降低主变压器零序保护定值，将主变压器中性点直接接地。开机后逐步升压，递升单相接地电流至零序保护动作，检查保护动作是否正确可靠。试验完成恢复初始状态，投入主变压器单相接地保护。

7.3 机组带主变压器及高压配电装置的升压试验

7.3.1 投入发电机、主变压器、母线差动等继电保护装置。

7.3.2 升压范围应包括本期拟投运的所有高压一次设备。首台机组试运行时因高压配电装置投运范围较大，升压可分几次进行。

7.3.3 主变压器冷却系统投入自动运行。

7.3.4 手动递升加压，在25%、50%、75%、100%发电机额定电压下，检查一次设备的工作情况。

7.3.5 检查电压回路和同期回路的电压相序和相位应正确。

7.3.6 电站高压配电装置受电试验和电站发电机带空载线路零起升压试验（若系统有要求时）可参照DL/T 507的要求进行。

7.4 电力系统对主变压器冲击合闸试验

7.4.1 在电力系统对送出线路送电后，利用系统电源对高压配电装置母线进行冲击，用系统电压检查线路电压互感器和母线电压互感器电压、相位及相序应正确，检查应无异常并使其受电。

7.4.2 发电机侧的断路器和隔离开关均已断开。

7.4.3 投入主变压器的继电保护装置和冷却系统的控制、保护、信号回路。

7.4.4 投入主变压器中性点接地开关。

7.4.5 合主变压器高压侧断路器，利用电力系统电源对主变压器冲击合闸5次，每次间隔约10min，检查主变压器有无异状，并检查主变压器差动保护和气体保护的动作情况。

7.4.6 有条件时录制主变压器冲击时的励磁涌流示波图。

7.4.7 额定电压为110kV及以上、容量为15MVA及以上的变压器，冲击试验前、后应对变压器油做色谱分析。

8 并列及负荷试验

8.1 并列试验

8.1.1 选择同期点及其断路器，检查同期回路的正确性。

8.1.2　断开同期点隔离开关，分别以手动和自动准同期方式进行机组模拟并列试验，以确认同期装置和同步检查继电器的正确性。

8.1.3　进行机组的手动和自动准同期正式并列试验，录制电压、频率和同期相位的示波图。

8.1.4　以上模拟并列试验和正式并列试验应分别对各同期点进行。

8.2　带负荷试验

8.2.1　灯泡贯流式机组带负荷试验应结合甩负荷试验进行。电力系统允许时，可按额定负荷的 25%、50%、75%、100%依次进行机组的带负荷和甩负荷试验。

8.2.2　带负荷试验时有功负荷应逐级增加，并观察和记录机组各部位运转情况及各仪表指示。观察并检查机组在加负荷时有无振动区，测量振动范围及其量值。检查发电机、变压器、母线及线路保护工作的正确性。

8.2.3　进行机组带负荷下调速系统试验，检查调速器频率和功率控制方式下，机组调节和相互切换过程的稳定性。检查调速系统协联关系的正确性。

8.2.4　机组带负荷下应进行励磁调节器试验：

　　a)　有条件时，在 0%、50%和 100%发电机有功功率额定值下，按设计要求调整发电机无功功率从零到额定值，调整应平稳，无滑动。

　　b)　有条件时，可测定并计算水轮发电机端电压调差率，调差特性应有较好的线性并符合设计要求。

　　c)　有条件时，可测定并计算水轮发电机调压静差率，其值应符合设计要求。当无设计规定时，不应大于 0.2%～1.0%。

　　d)　对励磁调节器，应分别进行各种限制器及保护的试验和整定。

8.2.5　进行机组快速增、减负荷试验。根据现场情况使机组突变负荷，其变化量不应大于额定负荷的25%，并应自动记录机组转速、机组流道水压、尾水管压力脉动、接力器行程和功率变化等的过渡过程。

8.2.6　在独立小电网运行的机组带负荷试验，可按 8.2.1～8.2.5 的规定和合同的具体要求执行。

8.3　甩负荷试验

8.3.1　机组甩负荷试验应在 25%、50%、75%、100%额定负荷下，记录有关数据，同时应录制过渡过程的各种参数变化曲线及过程曲线。

8.3.2　受水电站运行水头或电力系统条件限制，机组不能按上述要求带、甩额定负荷时，则最后一次甩负荷应在当时条件所允许的最大负荷下进行，并在以后条件具备时补做上述试验。

8.3.3　在额定功率因数条件下，机组甩负荷时，应检查自动励磁调节器的稳定性和超调量。当发电机甩额定有功负荷时，其电压超调量不大于额定电压的 15%，振荡次数不超过 3 次，调节时间不大于 5s。

8.3.4　机组甩负荷时，应检查水轮机调速器系统动态调节性能，校核导叶接力器紧急关闭时间，进水流道水压上升率和机组转速上升率等均应符合设计规定。

8.3.5　机组甩负荷后，调速器的动态品质应达到如下要求：

　　a)　甩 100%额定负荷后，在转速变化过程中超过稳态转速3%以上的波峰不应超过 2 次；

　　b)　机组甩 100%额定负荷后，从接力器第一次向开启方向移动起到机组转速相对摆动值不超过±1%为止所经历的总时间不应大于 40s；

　　c)　甩 25%额定负荷时，接力器不动时间，不大于 0.2s。

8.3.6　机组甩负荷后，应进行全面检查，重新拧紧推力支架与轴承座连接螺钉，并进行 6.4.4 规定的各项检查。

8.3.7　甩负荷后应检查调速系统的协联关系和分段关闭的正确性，以及突然甩负荷引起的机组轴位移情况。

8.3.8　机组甩负荷试验完成后，应在带额定负荷下进行下列试验：

　　a)　调速器低油压关闭导叶试验；

　　b)　动水重锤关机试验；

c) 根据设计要求和电站具体情况，进行动水关闭尾水闸门试验。

8.4 根据系统安排和电站、机组所具备的条件，可分别进行以下试验：发电机组励磁系统参数实测和建模试验、电力系统稳定器（power system stabilization，PSS）试验、水轮机组调速系统参数实测和建模试验、一次调频试验、自动发电控制（automatic generation control，AGC）、自动电压控制（automatic voltage control，AVC）试验。

9 72h 带负荷连续试运行

9.1 完成 8.1～8.3 规定的试验内容经验证合格后，机组已具备并入电力系统带额定负荷连续 72h 试运行条件。

9.2 如由于受水电站运行水头或电力系统条件限制等原因，使机组不能达到额定出力时，可根据当时的具体条件确定机组应带的最大负荷，并在此负荷下进行试验。

9.3 根据运行值班制度，全面记录运行有关参数。

9.4 在 72h 连续试运行中，若由于机组及相关机电设备的制造或安装质量等原因引起机组运行中断，经检查处理合格后应重新开始 72h 连续试运行，中断前后的运行时间不得累加计算。

9.5 在 72h 连续运行后，应停机对机电设备作全面检查，必要时可将流道内的水排空，检查机组过流部分及水工建筑物和排水系统工作情况。

9.6 处理并消除 72h 试运行中所发现的所有缺陷。

10 交接验收及商业运行

10.1 机组通过 72h 试运行并经停机处理所有缺陷后，应按合同规定并参照附录 B 整理机组设备移交的相关资料。

10.2 交接机组设备移交的相关资料，并签署机组设备的初步验收证书，开始商业运行，同时计算机组设备的保证期。

附 录 A
（资料性附录）
水轮发电机组甩负荷试验记录表格式

机组负荷 MW													
记录时间		甩前	甩中	甩后	甩前	甩中	甩后	甩前	甩中	甩后	甩前	甩中	甩后
机组转速 r/min													
导叶开度 %													
桨叶开度 （°）													
进水流道压力 MPa													
尾水真空压力 MPa													
推力支架轴向振动 mm													
径向振动 mm	水导支架												
	发导支架												
	灯泡头												
推力轴承瓦温 ℃	正向												
	反向												
导轴承瓦温 ℃	水导												
	发导												
主轴轴向位移 mm													
导叶关闭时间 s													
桨叶关闭时间 s													
接力器活塞往返次数													
调节器调节时间 s													
转速上升率 %													
水压上升率 %													

表（续）

机组负荷 MW													
记录时间		甩前	甩中	甩后	甩前	甩中	甩后	甩前	甩中	甩后	甩前	甩中	甩后
永态转差系数	整定值 %												
	实际值 %												
实际调差率 %													

上游水位：　　　　下游水位：　　　　整理：　　　　审核：

1）转速上升率=（甩负荷时最高转速–甩负荷前稳定转速）/甩负荷前稳定转速×100%

2）水压上升率=（甩负荷时进水流道最高水压–甩负荷前进水流道水压）/甩负荷前进水流道水压×100%

3）实际调差率=（甩负荷后稳定转速–甩负荷前稳定转速）/甩负荷前稳定转速×100%

附　录　B

（资料性附录）

机组启动试运行应交接验收的资料目录

B.1　提交报告

B.1.1　项目法人工程建设阶段报告［含项目审批（核准）文件］。

B.1.2　设计报告。

B.1.3　施工报告。

B.1.4　监理报告。

B.1.5　生产准备、运行报告。

B.1.6　厂家报告。

B.1.7　质量监督报告。

B.1.8　机组并网安全性评价报告。

B.1.9　启动试运行组织机构文件。

B.1.10　启动试运行安全管理文件。

B.1.11　工程运用及调度方案。

B.1.12　启动验收委员会有关文件。

B.2　其他备查文件、资料

B.2.1　包括相关设计文件、可行性研究设计审查意见、重大设计变更审查意见及重大变更审批（核准）文件、招标文件。

B.2.2　阶段和单项工程验收鉴定书。

B.2.3　质量评定资料。

B.2.4　待验工程已完和未完项目清单。

B.2.5　监理工程师验收签证资料。

B.2.6　重大技术专题报告。

B.2.7　重大事故质量缺陷处理记录。

B.2.8　设备移交清册。

B.2.9　遗留问题清单。

B.2.10　专用工具移交清单。

B.2.11　备品备件移交清单。

B.2.12　竣工图纸移交清单。

B.2.13　调试日志。

B.2.14　调试、试验协调会纪要。

B.2.15　上下库水位观测资料等。

中 华 人 民 共 和 国

电 力 行 业 标 准

灯泡贯流式水轮发电机组启动试验规程

DL/T 827—2014

代替 DL/T 827—2002

*

中国电力出版社出版、发行

（北京市东城区北京站西街 19 号　100005　http://www.cepp.sgcc.com.cn）

北京九天众诚印刷有限公司印刷

*

2014 年 8 月第一版　　2014 年 8 月北京第一次印刷

880 毫米×1230 毫米　16 开本　1.25 印张　33 千字

印数 0001—3000 册

*

统一书号 155123·2072　定价 **11.00** 元

敬 告 读 者

关注我，关注更多好书

刮开涂层
查询真伪

1551232072

DL/T827-2014灯泡贯流式水轮发电机
组启动试验规程
定价：11.00

155123.2072

上架建议：规程规范/
水利水电工程/水力发电